Herausgeber
und Redakteur
Frank Bächle

Bibliografische Information der Deutschen Nationalbibliothek
Die Deutsche Nationalbibliothek verzeichnet diese Publikation in der Deutschen Nationalbibliografie; detaillierte bibliografische Daten sind im Internet über http://dnb.d-nb.de abrufbar.

Bestellnummer 1221

www.hofmann-verlag.de

Fotos: Sinah Brand und Moritz Mezger

Druck: Druck- und Kalender-Marketing Sosset GmbH, Kißlegg

Printed in Germany
ISBN 978-3-7780-1221-5

Inhalt

Wir wollen etwas bewegen, und zwar euch!

Im beruflichen Alltag kommt die Bewegung oftmals zu kurz und Pausen werden bei Stress verschoben oder ausgelassen. Besonders durch das Konzept des Home Office, welches durch die Covid-19-Pandemie erweitert wurde, wird sowohl die physische als auch die psychische Gesundheit auf die Probe gestellt. Die Eigenverantwortlichkeit spielt dabei eine große Rolle. Durch Aktive Pausen, welche derzeit ein großes Interesse finden und bereits in vielen Institutionen und Organisationen verankert sind, kann eine verbesserte Pausengestaltung erreicht werden. Die Freude an Bewegung und das Anliegen für einen gesünderen Alltag zieht sich durch ganz Deutschland! Sinah kommt aus Münster und studiert Ernährung und Gesundheit im Master. Auch im Alltag liegt ihr das Thema Gesundheit und Sport sehr am Herzen, weshalb Fortbildungen im Bereich Yoga-Fitness und Präventionssport folgten. Durch verschiedene Jobs als Trainerin beim Hochschulsport als auch bei einem Anbieter für Sportkurse im Bereich des Betrieblichen Gesundheitsmanagements konnten jede Menge Erfahrungen und Eindrücke gesammelt werden. Moritz kommt aus Tübingen! Er studiert Sport und Chemie auf Lehramt und ist in seiner Freizeit ständig sportlich unterwegs und in Action. Auch er konnte durch die Aktive Pause des Hochschulsports bereits Erfahrungen sammeln.

Zunächst entwickelte sich die Idee unsere Übungen zu sammeln, um sie an spätere Übungsleiter weiterzugeben. Da allerdings immer wieder Anfragen von unserem näheren Umfeld nach Übungen und deren richtiger Ausführung kamen, entschieden wir uns kurzerhand ein Buch daraus zu machen. Diese Übungsreihe ist genauso simpel gestaltet, wie auch eine Bewegte Pause sein sollte, praxisnah und einfach umsetzbar. Je nach Intensität kann die Anzahl an Wiederholungen beliebig variiert werden und wird nicht vorgegeben. Wir wünschen jedem, der dieses Buch in der Hand hält, viel Spaß beim Durchblättern und ganz viel Inspiration sein Leben jeden Tag ein Stück aktiver zu gestalten!

Sinah Brand und Moritz Mezger

Einführung

Was ist eine Bewegte Pause?

Bestimmt kennen viele den Begriff der „Bewegten Pause“ (oder „Aktiven Pause“, wie sie auch oft genannt wird) im Kontext des Betrieblichen Gesundheitsmanagements. Hierbei handelt es sich um eine verhaltenspräventive Maßnahme zur Gesundheits- und Bewegungsförderung. Meistens wird diese in größeren Firmen oder Organisationen angeboten und dauert zwischen 5 und 30 Minuten. Zumeist lässt sich die Bewegte Pause in die Arbeitszeit implementieren und findet am Arbeitsplatz oder in einem geeigneten Raum statt. Ein Ortswechsel ist jedoch immer von Vorteil, um sich in den Pausen klar vom Arbeitsplatz abzugrenzen. Oft wird die Bewegte Pause von Übungsleitenden oder Mitarbeitenden angeleitet und strukturiert. Inhaltlich werden dabei Mobilisations-, kleine Kraft- und Dehnungsübungen durchgeführt, welche genau auf die Beanspruchungen einer stetig sitzenden Arbeitshaltung ausgerichtet sind. Das gilt auch für die Intensität der Übungen. Sie sollten eine leichte Anstrengung hervorrufen, jedoch nicht schweißtreibend sein, damit sie in Arbeits- bzw. Alltagskleidung durchgeführt werden können. Dabei sollte immer die zentrale Fragestellung der Gesundheitsförderung im Hinterkopf behalten werden:

Was hält den Menschen trotz der Risiken und Belastungen seines Alltags gesund? Wie lässt sich Gesundheit herstellen?

Aaron Antonovsky prägte dabei den Begriff des Kohärenzsinnes, wobei 3 Schlagworte von großer Bedeutung sind, an denen sich unsere Bewegte Pause optimal orientieren kann:

- Verstehbarkeit – Die Übungen sind leicht zu verstehen
- Machbarkeit – Die Übungen sind leicht nachzumachen und in Arbeits- bzw. Alltagskleidung ausführbar
- Sinnhaftigkeit – Die Übungen sprechen genau die Körperbereiche an, welche bei einer sitzenden Haltung oder Bildschirmarbeit beansprucht bzw. vernachlässigt werden

Die Ziele einer Bewegten Pause sind dabei die Verbesserung des Wohlbefindens von Körper und Seele sowie eine Stärkung des Gemeinschaftsgefühls, falls die Intervention in Gruppen stattfindet. Dadurch kann unter anderem das Betriebs-/Klassenklima gefördert werden.
Auch die Weltgesundheitsorganisation (WHO) strebt in ihrem „Globalen Aktionsplan für Bewegung 2018–2030“ ehrgeizig eine Verbesserung der Rahmenbedingungen für körperliche Aktivität auf sozialer, kultureller, wirtschaftlicher und politischer Ebene an. Das Angebot einer Bewegten Pause ist dabei ein Schritt in genau die richtige Richtung und unsere Chance einen Beitrag zum Erreichen dieses Ziels zu leisten!

Warum brauchen wir mehr Bewegung in unserem Alltag?

Vielleicht fangen wir erst einmal ganz simpel mit der Frage an: Wieviel bewegst du dich in deinem Alltag? Genau, vermutlich zu wenig!
Von der WHO wird ein Mindestmaß von 30 Minuten mäßig intensiver Bewegung an 5 Tagen die Woche als gesundheitsförderlich angesehen. Diese Vorgabe wird, wie aus Studien hervorgeht, von den meisten Menschen im Arbeitsalltag nicht erreicht. Gründe dafür sind die Digitalisierung und Technologisierung unserer Arbeits- und Lebenswelten, die zunehmend sitzende Tätigkeiten am Schreibtisch erfordern. Laut Bundesanstalt für Arbeitsschutz und Arbeitsmedizin üben circa 22 Millionen Menschen in Deutschland eine sitzende Tätigkeit aus. Personen, die im Büro arbeiten, verbringen dabei circa 80 000 Stunden im Laufe der Karriere im Sitzen. Und das obwohl eine Sitzhaltung für den Menschen evolutionär gesehen eigentlich keine natürliche Position darstellt.
Dennoch entwickeln wir uns zunehmend zum Sitzmenschen mit Folgen für unsere Muskulatur. Die Brust-, Hüftlenden- und vordere Oberschenkelmuskulatur verkürzt sich. Die Bauchmuskulatur, welche eine hohe Stützfunktion besitzt, wird geschwächt. Die hintere Oberschenkel- und Gesäßmuskulatur wird überdehnt.
Diese Entwicklung hat wiederum einen erheblichen Einfluss auf unsere Gesundheit. Aus einer Bewegungsarmut, die über einen längeren Zeitraum andauert, entwickelt sich ein erhöhtes Risiko für Herz-Kreislauf-Erkrankungen, Stoffwechsel- oder Muskel-skelett-Erkrankungen. Außerdem steigern sich durch die rasch voranschreitende Digitalisierung und einen erhöhten Druck die Krankheitsausfälle aufgrund von psychischen Erkrankungen wie Burn-out. Erkrankungen bedeuten auf der einen Seite natürlich eine Belastung des Gesundheitssystems, aber auch der Arbeitgeber hat durch Krankheitsausfälle oder verminderte Arbeitsfähigkeit erhebliche Kosten zu tragen.
Weiterhin wurde beobachtet, dass eine hohe Alltagsaktivität einen höheren Schutzfaktor für die Entwicklung von Adipositas und Übergewicht darstellt als regelmäßige hochintensive Sporteinheiten. Durch eine verminderte Alltagsaktivität reduziert sich der Energieverbrauch um bis zu 20 % bis 40 %, wohingegen eine verpasste anstrengende Trainingseinheit nur 5 bis 15 % Einbußen verzeichnet.

Ein weiterer Aspekt ist der durch die Covid-19-Pandemie ausgelöste Wandel hin zum Home Office. Einerseits soll es für eine bessere Vereinbarkeit von Beruf und Familie sorgen und generell eine höhere Flexibilität und Unabhängigkeit versprechen. Andererseits birgt es aber auch Risiken, da von einer ständigen Erreichbarkeit und einer schlechteren kognitiven Trennung von Arbeit und Privatleben berichtet wird, was man als Entgrenzung bezeichnet. Weiterhin werden Pausen kürzer gehalten oder sogar ganz ausgelassen. Auch hier kann die Bewegte Pause einhaken und die Digitalisierung und flexible Gestaltung der Arbeitszeit für sich nutzen, um Mitarbeiter, Studierenden oder Schülern Online-Angebote zur Verfügung zu stellen. So kann den Rückenproblemen aufgrund von fehlenden ergonomischen Arbeitsmitteln effektiv entgegengewirkt werden. Allerdings sollte an die Eigenverantwortlichkeit der Teilnehmenden appelliert werden und fest vereinbarte Termine erstellt werden.

Pausen sind extrem wichtig für unser Wohlbefinden und schon 1927 wurde beob-

achtet, dass eine aktive Pausengestaltung zu einer verbesserten Gesundheit beiträgt. Besonders das Immunsystem und der Kreislauf können gestärkt werden. Durch langes Stehen oder Sitzen werden außerdem die Venen stark beansprucht. Durch ein bisschen Bewegung in der Pause können die Gefäße wieder besser durchblutet werden. Als Nebeneffekt lässt sich auch eine gesteigerte Motivation und Arbeitsfähigkeit erkennen. Selbst Johann Wolfgang von Goethe sagte schon: Wer sich bewegt, dem fällt das Denken leichter! In verschiedenen Studien wurden durch diese Intervention weniger Krankheitsausfälle gemeldet und besonders muskuläre Beschwerden wurden gemindert.

Ein bisschen mehr Bewegung in unserem Alltag schadet also nicht, sondern tut unserem Körper und Geist sogar richtig gut und macht nebenbei auch noch richtig Spaß!

Was ist das Ziel dieses Buches?

Die Frage aller Fragen ist natürlich immer: Warum machen wir das Ganze hier überhaupt? Die Antwort darauf ist einfach. Weil uns unsere Gesundheit, die stark einhergeht mit unserer Lebensqualität, wirklich am Herzen liegt und wir Menschen empowern möchten auf sich zu achten und die eigene Gesundheit als höchstes Gut zu betrachten. Jeder einzelne von uns hat es selbst in der Hand.

Gleichzeitig haben wir gemerkt, wie einfach es eigentlich ist, einen Beitrag zur Gesundheitsförderung anderer Menschen zu leisten. Bei vielen Menschen besteht ein hohes Interesse an diesem Thema, insbesondere auch der Wunsch, vielleicht selbst einmal als Übungsleitende zu agieren. Für diese besteht eine hohe Nachfrage besonders in Betrieben, Organisationen oder auch Vereinen. Wir wollen mit diesem Buch ermutigen selbst tätig zu werden und angehenden Übungsleitenden oder Interessenten geeignete Hilfestellungen zur korrekten Ausführung an die Hand geben. Wir wissen selbst, wie schwer manchmal die Ideenfindung für geeignete Übungen ist und wollen euch mit anschaulichen Bildern und einem großen Sortiment für jede Körperregion ein wenig inspirieren. Aus Erfahrung ist zu sagen, dass

Gesundheit ist nicht alles, aber ohne Gesundheit ist alles nichts.

die Arbeit unglaublich sinnhaft ist und der Erfolg sowie die positiven Rückmeldungen unmittelbar sind.
Weiterhin hat dieses Buch die Einbindung einer Bewegten Pause in ganz verschiedenen Settings als Ziel. So können beispielsweise auch Dozenten der Universitäten oder Lehrpersonen an Schulen sowie Erzieher diese in ihren Unterricht und den Alltag von Schülern bzw. Studierenden einbringen, sodass schon bei den Jüngsten angesetzt wird. Dadurch verbessert sich die Gesundheitskompetenz, welche durch die Entwicklung einer routinierten Implementierung von kleinen Bewegungseinheiten und allgemein vermehrter Alltagsbewegung geschult wird.
Durch eine aktive Pausengestaltung in Betrieben und Unternehmen möchten wir eine Steigerung der physischen und psychischen Gesundheit der Mitarbeitenden erreichen sowie die Produktivität und Motivation stärken. Ein kanadischer Unternehmer ließ sogar extra ein eigenes Fitnessstudio bauen sowie unternehmensinterne Sport-Turniere austragen, da er beobachtete, dass seinen Mitarbeitenden auf dem Laufband oder beim Tennis die besten Ideen kommen! Weiterhin soll das Betriebsklima und das Gemeinschaftsgefühl gestärkt werden. Sich gemeinsam zu bewegen senkt schließlich die Hemmschwelle und steigert den Spaßfaktor!

Für wen ist dieses Buch geeignet?

Die Antwort ist ganz klar, für ALLE! Jeder einzelne hat jeden Tag aufs Neue die Wahl die Verantwortung für die eigene Gesundheit zu übernehmen. Das beginnt schon beim Frühstück, wenn ein gesundes Hafer-Müsli mit Obst gegen das Nuss-Nougat-Creme-Brötchen eingetauscht wird. Über den Tag verteilt können wir selbst bestimmen wie viel wir uns bewegen und ob wir genug trinken.

Die Anreize dieses Buches sollen Menschen motivieren ihre Gesundheitsförderung auszuweiten. Auch Personen, die bereits körperliche Beschwerden aufweisen, können mit spezifischen Übungen eine Verbesserung erreichen. Dennoch sollte vorher Rücksprache mit dem Arzt gehalten werden bezüglich geeigneter Übungen und der richtigen Intensität.

Tipps und Tricks für mehr Bewegung im Alltag!

- So oft es geht sollten kurze Pausen an der frischen Luft gemacht werden, sei es durch einen Spaziergang oder auf dem Balkon.
- Es sollte in möglichst ruhiger Atmosphäre gearbeitet bzw. gelernt werden und eine Ruhepause eingebaut werden.
- Kurze Bewegungspausen sollten in den Unterricht, Meetings oder die Vorlesung eingebaut werden, besonders wenn es sich um digitale Angebote handelt.
- Statt einer Mail oder einem Telefonat, gehen Sie persönlich zum Kollegen hin. Telefonate oder die Post können im Stehen erledigt werden.
- Bei längerem Sitzen oder Stehen zwischendurch immer wieder die Zehenspitzen nach oben ziehen.
- In Stresssituationen tief in den Bauch einatmen und die Ausatmung länger halten als die Einatmung.
- Die Treppen anstatt den Aufzug nehmen oder das Rad anstelle des Autos (manche Firmen bieten hierbei ein Leasing-Angebot für E-Bikes an, wodurch auch weitere Strecken machbar werden).
- Apps oder Schrittzähler können genutzt werden, um die Aktivität im Alltag zu steigern.
- Anreize können besonders in Schulen durch kleine Wettbewerbe geschaffen werden z. B. Spendenläufe, Kilometer sammeln oder Radfahr-Punkte.
- Im Home Office sollte die Kleidung getauscht werden und Arbeitskleidung getragen werden, außerdem kann ein kleiner Spaziergang vor oder nach der Arbeit eine Distanz schaffen.
- Laptop oder Arbeitsutensilien sollten nach der Arbeit weggeräumt werden und nicht mehr im Sichtfeld stehen.
- Pausen sollten nicht für Erledigungen im Haushalt genutzt werden wie z. B. Wäsche waschen, Staubsaugen o. Ä.
- Familienmitglieder sollten darauf hingewiesen werden, dass Ruhe benötigt wird während der Arbeitszeit, sodass Lärm und ständige Unterbrechungen vermieden werden.

Mobilisation

1 Daumen-Rotation

Körperbereich

Kopf und Nacken

- Bauchnabel zur Wirbelsäule gezogen?
- Schultern weg von den Ohren?
- Rücken lang?

Ausführung

- Hüftschmaler Stand und die Arme auf Schulterhöhe führen.
- Linker Daumen zeigt nach oben und der rechte nach unten. Der Blick geht dabei zum linken Daumen.
- Seitenwechsel! Der linke Daumen geht nach unten, der rechte Daumen geht nach oben, der Blick folgt dem Daumen, der nach oben zeigt.

2 Katze und Kuh

Ausführung

- Hüftschmaler Stand, leicht gebeugte Knie und die Hände an den Hinterkopf führen.
- Mit der Einatmung das Brustbein nach vorne schieben, die Schulterblätter zusammenziehen und die Ellbogen nach hinten führen – Mach dich groß!
- Mit der Ausatmung die Ellbogen vorne zusammenführen, den Rücken runden und den Bauchnabel zur Wirbelsäule ziehen. Die Schulterblätter ziehen auseinander.

Körperbereich

Kopf und Nacken

- Atmung beachtet?

3 Superman

Körperbereich

Schultern und Arme

Atmung beachtet?

Ausführung

- Hüftschmaler Stand, die Arme auf Schulterhöhe führen und Fingerspitzen in Richtung Brust zeigen lassen.
- Bei der Einatmung die Schulterblätter zusammen ziehen und die Ellbogen nach hinten führen, sodass sich der Brustbereich weitet. Gleichzeitig auf die Zehenspitzen gehen. Bei der Ausatmung wieder loslassen.
- Mit der nächsten Einatmung die Fingerspitzen nach außen führen, die Arme weit öffnen und erneut die Schulterblätter zusammenziehen, den Brustkorb öffnen und auf die Zehenspitzen gehen. Ausatmen und loslassen.

4 Schultertanz

Ausführung

- Hüftschmaler Stand und die Arme nach unten hängen lassen.
- Mit der Einatmung die rechte Schulter zum rechten Ohr hochziehen. Mit der Ausatmung loslassen.
- Seitenwechsel! Die linke Schulter zum linken Ohr ziehen. Mit der Ausatmung loslassen.
- Jetzt beide Schultern hochziehen!

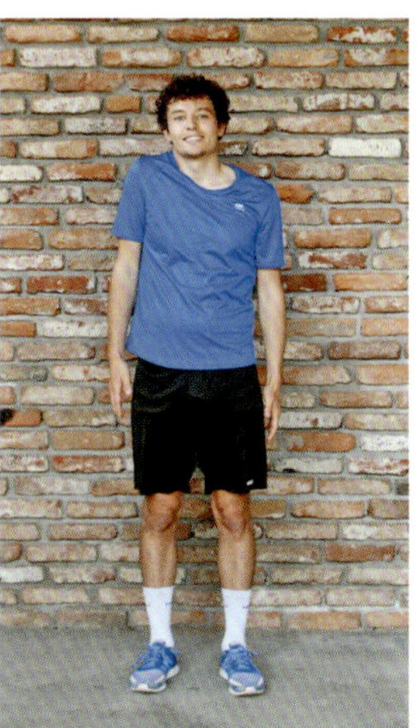

Körperbereich

Schultern und Arme

- Bauchnabel zur Wirbelsäule gezogen?
- Körper kippt nicht zu einer Seite, sondern bleibt stabil!

5 Schultern kreisen

Körperbereich

Schultern und Arme

- Bauchnabel zur Wirbelsäule gezogen?
- Aufgerichtete Haltung? Atmung beachtet?

Ausführung

- Hüftschmaler Stand und die Arme neben dem Körper halten.
- Schultern werden über vorne und oben nach hinten gekreist.
- Immer wenn die Schultern hochgehen wird eingeatmet, wenn sie runtergehen wird ausgeatmet.
- Richtungswechsel!

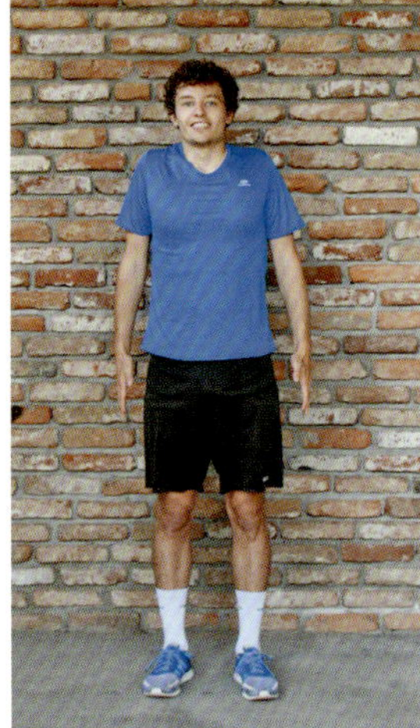

6 Arme kreisen

Ausführung

- Hüftschmaler Stand und die Arme auf Schulterhöhe ausrichten, wobei die Daumen nach vorne zeigen.
- Die Arme werden langsam nach vorne gekreist.
- Die Kreise werden größer und gegebenenfalls etwas schneller.
- Richtungswechsel! Die Arme werden nun nach hinten gekreist.

Körperbereich

Schultern und Arme

- Bauchnabel zur Wirbelsäule gezogen?
- Aufgerichtete Haltung?
- Arme durchgestreckt?

Arme entgegengesetzt kreisen

Ausführung

- Hüftschmaler Stand und die Arme zur Decke gestreckt ausrichten, wobei die Daumen nach hinten zeigen.
- Die Arme werden in entgegengesetzter Richtung, einer nach vorne und einer nach hinten, gekreist.
- Richtungswechsel! Die Arme werden nun andersherum gekreist.

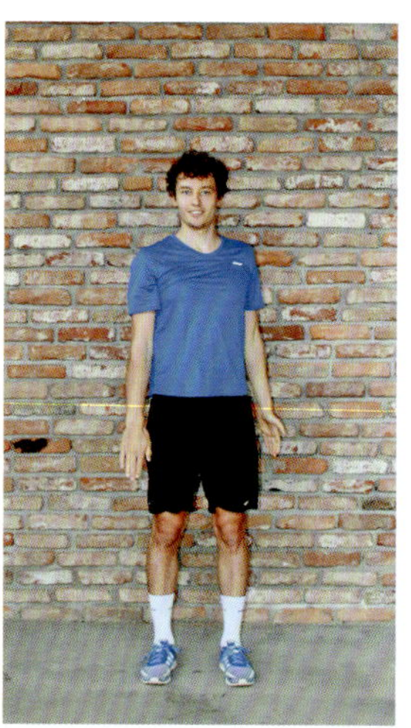

Körperbereich

Schultern und Arme

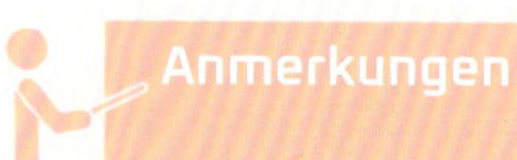

- Bauchnabel zur Wirbelsäule gezogen?
- Aufgerichtete Haltung?
- Arme durchgestreckt?
- Längsrotation klein halten!

8 Achten mit der Hand

Ausführung

- Hüftschmaler Stand und die Hände vor dem Körper falten.
- Die Hände rotieren und zeichnen eine Acht vor dem Körper.
- Richtungswechsel! Die gefalteten Hände zeichnen die Acht andersherum.

Körperbereich

Schultern und Arme

- Bauchnabel zur Wirbelsäule gezogen?
- Aufgerichtete Haltung?
- Tempo kann variiert werden!

9 Hände klappen

Körperbereich

Schultern und Arme

- Bauchnabel zur Wirbelsäule gezogen?
- Aufgerichtete Haltung?
- Tempo kann variiert werden!

Ausführung

- Hüftschmaler Stand, die Arme werden nach vorne gestreckt und die Hände in unterschiedliche Richtungen abgeklappt.
- Die Handgelenke werden gleichzeitig in unterschiedliche Positionen umgeklappt. Links, rechts, oben und unten.
- Richtungswechsel! Die Handgelenke werden in umgedrehter Reihenfolge abgeklappt.

10 Seitrotation

Ausführung

- Hüftschmaler Stand, die Hände an den Hinterkopf und die Ellbogen nach hinten ziehen.
- Der rechte Ellbogen zieht nach hinten rechts und der Oberkörper rotiert ebenfalls langsam in diese Richtung während die Hüfte stabil bleibt. Der Kopf bleibt in Verlängerung der Wirbelsäule.
- Seitenwechsel!

Körperbereich

Flanken

- Bauchnabel zur Wirbelsäule gezogen?
- Schulterblätter ziehen zueinander?
- Hüftknochen zeigen weiterhin nach vorne und sind auf einer Linie?
- Ausführung langsam!

11 Apfelbaum

Körperbereich

Flanken

- Bauchnabel zur Wirbelsäule gezogen?
- Körperspannung?

Ausführung

- Hüftschmaler Stand und auf die Zehenspitzen stellen.
- Die Arme werden abwechselnd links und rechts zur Decke gestreckt und die Hände machen Greifbewegungen, als wenn man einen Apfel pflücken möchte.
- Der Blick folgt den Händen.

12 Baumstamm umfassen

Ausführung

- Die Arme werden auf Schulterhöhe geführt und die Knie leicht gebeugt.
- Mit der Einatmung werden die Arme nach hinten geführt, das Brustbein nach vorne geschoben und die Schulterblätter zusammen gezogen.
- Mit der Ausatmung tun wir so, als wenn wir einen Baumstamm umarmen wollen und führen dafür die Arme nach vorne und runden den Rücken, sodass die Schulterblätter auseinander ziehen.

Körperbereich

Bauch und Rücken

- Wird der Bauchnabel bei der Ausatmung zur Wirbelsäule gezogen?
- Atmung beachtet?
- Schultern weg von den Ohren?

13 Einbeiniger Hampelmann

Ausführung

- Hüftbreiter Stand und die Handflächen sind nach vorne ausgerichtet.
- Es wird gleichzeitig das rechte Bein zur Seite gestreckt und die Arme beide seitlich nach oben geführt.
- Die Handspitzen berühren sich oberhalb des Körpers und der rechte Fuß tippt auf dem Boden auf und wird wieder zurückgeführt.
- Jetzt ist das linke Bein dran! Die Bewegung der Arme bleibt dieselbe.

Körperbereich

Bauch und Rücken

Anmerkungen

- Bauchnabel zur Wirbelsäule gezogen?
- Aufgerichtete Haltung?
- Schultern weg von den Ohren?

14 Arme seitlich schwingen

Ausführung

- Hüftschmaler Stand und die Arme auf Schulterhöhe führen.
- Dann langsam beginnen den Oberkörper von links nach rechts zu drehen und die Arme locker mitschwingen lassen.

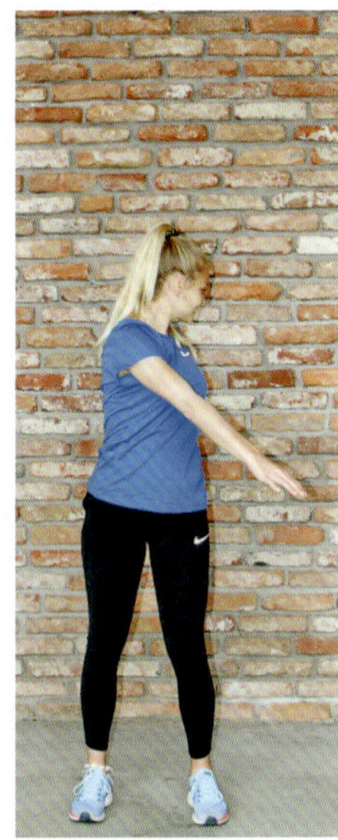

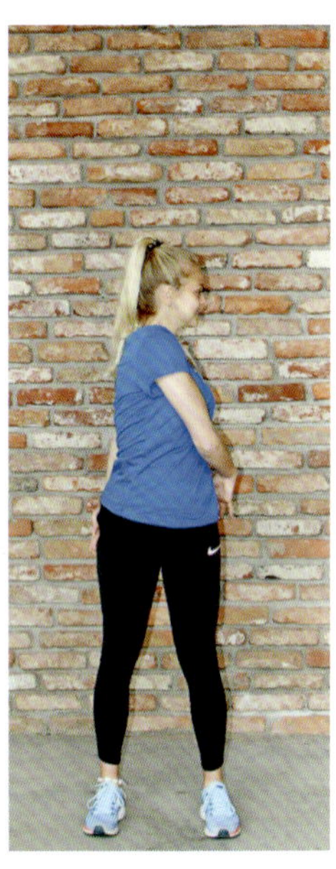

Körperbereich

Bauch und Rücken

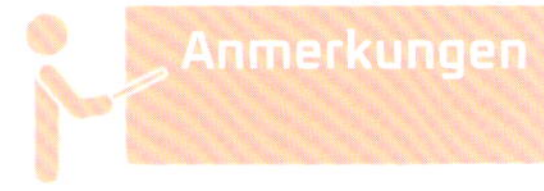

- Bauchnabel zur Wirbelsäule gezogen?
- Hüfte darf mitdrehen!

15 Ganze Vorbeuge und Twist

Ausführung

- Hüftschmaler Stand ist mit leicht angewinkelten Knien und der Oberkörper wird in einer ganzen Vorbeuge vor den Körper abgesenkt. Die rechte Hand setzt mittig vor den Füßen auf. Das rechte Bein wird gebeugt und das linke durchgestreckt.
- Die linke Hand wird mit der Einatmung zur Decke gezogen. Der Blick folgt dabei der Hand.
- Seitenwechsel! Der linke Arm wird wieder in die Ausgangsposition gebracht und es wird der rechte Arm nach oben geführt mit gleichzeitiger Änderung der Beinstellung.

Körperbereich

Bauch und Rücken

- Hüftknochen sind weiterhin auf einer Linie?

16 Grätsche mit diagonaler Rotation

Ausführung

- Die Ausgangsposition ist eine Grätsche.
- Der rechte Arm wird zum linken Fuß gestreckt und berührt diesen. Dabei wird der linke Arm senkrecht in die Luft gestreckt.
- Seitenwechsel! In einer Pendelbewegung wird der linke Arm langsam zum rechten Fußgelenk geführt und der rechte Arm senkrecht nach oben gestreckt.

Körperbereich

Bauch und Rücken

- Rücken lang?
- Beine durchgestreckt?

17 Hüftkreisen

Körperbereich

Hüfte

- Rücken lang?
- Bauchnabel zur Wirbelsäule gezogen?

Ausführung

- Der Stand ist hüftschmal und die Hände werden an die Hüfte gelegt.
- Dann wird die Hüfte langsam und zunächst in kleinen Bewegungen gekreist.
- Richtungswechsel!

18 Bein schwingen

Ausführung

- Das Gewicht wird zunächst auf den linken Fuß verlagert und der rechte schwebt leicht über dem Boden. Die Hände dürfen an die Hüfte gelegt werden.
- Dann schwingt das rechte Bein aus der Kraft der Hüfte locker nach vorne und nach hinten, wobei die Hüfte nicht mitschwingt, sondern stabil bleibt.
- Seitenwechsel!

Körperbereich

Hüfte

- Rücken lang?
- Hüfte stabil und gerade ausgerichtet?

19 Achten zeichnen

Körperbereich

Hüfte

- Rücken lang?
- Hüfte stabil und gerade ausgerichtet?
- Bauchnabel zur Wirbelsäule gezogen?

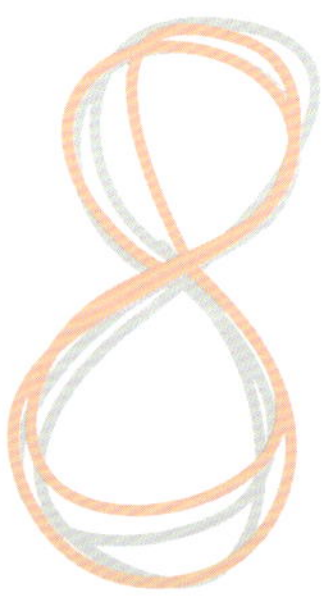

Ausführung

- Das Gewicht wird zunächst auf den linken Fuß verlagert und der rechte schwebt leicht über dem Boden. Die Hände dürfen an die Hüfte gelegt werden.
- Nun zeichnest du mit dem rechten Fuß seitlich eine Acht in die Luft, sodass dein Bein vor dir einen Kreis und hinter dir einen Kreis zieht und deine Hüfte rotiert.
- Seitenwechsel!

20 Seitlich einen Halbkreis zeichnen

Ausführung

- Das Gewicht wird zunächst auf den linken Fuß verlagert und der rechte schwebt leicht über dem Boden. Die Hände dürfen an die Hüfte gelegt werden.
- Nun zeichnest du mit deinem rechten Fuß seitlich einen Halbkreis, sodass dein Bein hinter und vor deinen Körperschwerpunkt kommt und deine Hüfte rotiert. Der Fuß bleibt dabei stetig über dem Boden und wird nicht abgesetzt.
- Seitenwechsel!

Körperbereich

Hüfte

- Rücken lang?
- Bauchnabel zur Wirbelsäule gezogen?
- Hüfte stabil und gerade ausgerichtet?

21 Bein nach vorne, seitlich und hinten

Körperbereich

Hüfte

- Rücken lang?
- Hüftknochen bleiben nach vorne ausgerichtet!
- Oberkörper bleibt mittig ausgerichtet!

Ausführung

- Das Gewicht wird zunächst auf den linken Fuß verlagert und der rechte schwebt leicht über dem Boden. Die Hände dürfen an die Hüfte gelegt werden.
- Der rechte Fuß wird zunächst kontrolliert nach vorne geführt, zurück zur Mitte und von dort aus zur Seite, wieder zurück zur Mitte. Zuletzt nach hinten und auch wieder zurück zur Mitte. Dies wird ein paar Mal wiederholt.
- Seitenwechsel!

22 Hüfte seitlich aufdrehen

Ausführung

- Das Gewicht wird auf das linke Bein verlagert und das rechte Knie wird auf 90 Grad nach oben angehoben. Die Hände dürfen gerne an die Hüfte gelegt werden.
- Nun wird das Knie nach außen rotiert und die Hüfte dadurch geöffnet.
- Dann wird das Bein langsam wieder in Richtung Boden geführt und die Hüfte geschlossen.
- Seitenwechsel!

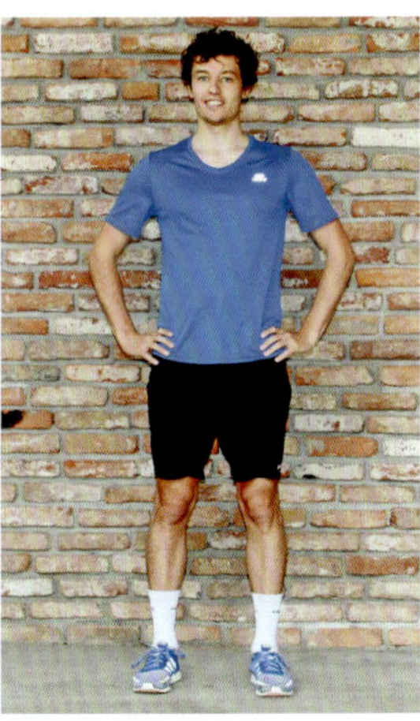

Körperbereich

Hüfte

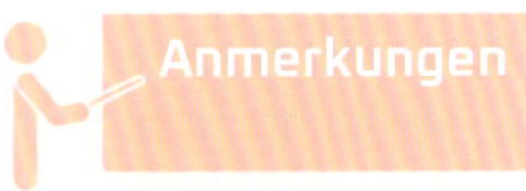

- Rücken lang?
- Bauchnabel zur Wirbelsäule gezogen?
- Hüfte stabil und gerade ausgerichtet?

23 Fußgelenk kreisen

Körperbereich

Beine

- Aufgerichtete Haltung?
- Bauchnabel zur Wirbelsäule gezogen?

Ausführung

- Das Gewicht wird auf das linke Bein verlagert und das rechte Knie wird nach oben angehoben. Die Arme umfassen das angewinkelte Knie.
- Nun wird der Fuß ausgehend vom Fußgelenk im Uhrzeigersinn gekreist.
- Richtungswechsel! Jetzt wird die Seite gewechselt und das linke Knie angehoben. Auch hier wird der Fuß gekreist.

Zehenspitze zur Stuhlfläche

Ausführung

- Wir benötigen einen stabil stehenden, kippsicheren Stuhl.
- Ausgangsposition ist ein aufrechter, hüftbreiter Stand vor dem Stuhl.
- Abwechselnd setzen die linke und die rechte Fußspitze auf der Sitzfläche auf, wobei die Arme an der Hüfte gehalten werden oder wahlweise auch mitschwingen.

Körperbereich

Bauch, Rücken und Beine

- Hüfte stabil und nach vorne ausgerichtet?
- Aufgerichtete Haltung?
- Tempo kann variiert werden!
- Knie nicht über 90 Grad heben!

Stuhllehne greifen – Arm durchfädeln

Ausführung

- Wir benötigen einen stabil stehenden, kippsicheren Stuhl.
- Der Stuhl wird an der Stuhllehne gegriffen, wobei die Beine gestreckt werden und sich der Rücken im 90-Grad-Winkel dazu auch lang streckt.
- Der rechte Arm wird nach oben zur Decke aufgedreht, wobei der Blick der rechten Hand folgt. Anschließend wird der rechte Arm unter dem Körper hindurch geführt.
- Seitenwechsel!

Körperbereich

Bauch, Rücken und Beine

- Rücken lang?
- Bauchnabel zur Wirbelsäule gezogen?
- Schultern weg von den Ohren?

Kräftigung

26 Knieheber-Rotation

Körperbereich

Flanken

- Rücken lang?
- Schultern weg von den Ohren?
- Fuß geflext?

Ausführung

- Mit beiden Händen das rechte Knie umfassen.
- Den rechten Arm vom Knie lösen und nach oben führen.
- Den rechten Arm ausgestreckt nach hinten führen und den Blick der Hand folgen lassen oder nach vorne schauen.
- Seitenwechsel!

27 Seitliche Neigung

Ausführung

- Hüftschmaler Stand, die Hände an den Hinterkopf und die Ellbogen leicht nach hinten ziehen.
- Langsam und abwechselnd die Ellbogen nach links und nach rechts ziehen. Aus der Kraft des Bauches wieder zur Mitte kommen. Der Oberkörper bleibt dabei stabil.
- Der Blick ist nach vorne ausgerichtet.

Körperbereich

Flanken

- Bauchnabel zur Wirbelsäule gezogen?
- Schulterblätter ziehen zusammen?
- Oberkörper stabil?
- Schultern weg von den Ohren?

28 Arme vorne und seitlich pulsieren

Körperbereich

Bauch und Rücken

- Bauchnabel zur Wirbelsäule gezogen?
- Rücken lang?
- Gestreckte Arme?
- Hohe Frequenz?

Ausführung

- Hüftschmaler Stand und die Arme werden auf Schulterhöhe vor dem Körper ausgerichtet mit den Handflächen nach unten.
- Die Arme bleiben gestreckt und pulsieren mit einer kurzen Frequenz nach oben und unten.
- Die Arme werden zur Seite gestreckt und pulsieren mit einer kurzen Frequenz nach oben und unten.

29 Flieger mit Knieheber

Ausführung

- Das rechte Bein wird im 90-Grad-Winkel hochgehoben und die Zehen zum Körper gezogen.
- Der Oberkörper wird nun langsam nach vorne gebeugt und das angewinkelte Bein wird nach hinten ausgestreckt.
- Dann werden die Arme ebenfalls nach vorne ausgestreckt in Verlängerung der Wirbelsäule.
- Nach einigen Wiederholungen die Position auflösen und Seitenwechsel!

Körperbereich

Bauch und Rücken

- Bauchnabel zur Wirbelsäule gezogen?
- Rücken lang?
- Körperspannung?

30 Arme und Beine diagonal zueinander

Körperbereich

Bauch und Rücken

- Bauchnabel zur Wirbelsäule gezogen?
- Rücken lang?

Ausführung

- Das rechte Bein und der linke Arm werden diagonal vom Körper weg gestreckt.
- Jetzt wird das rechte Knie mit dem linken Ellbogen vor dem Körper zusammengeführt.
- Das Bein und der Arm werden wieder zurückgeführt und die Seiten werden gewechselt.

31 Side Crunches

Ausführung

- Hüftschmaler Stand und die Arme werden auf Schulterhöhe in einer Herkulesposition seitlich neben dem Körper geführt.
- Nun wird der rechte Ellbogen mit dem rechten Knie seitlich zusammengeführt.
- Nach einigen Wiederholungen die Position auflösen und Seitenwechsel!

Körperbereich

Bauch und Rücken

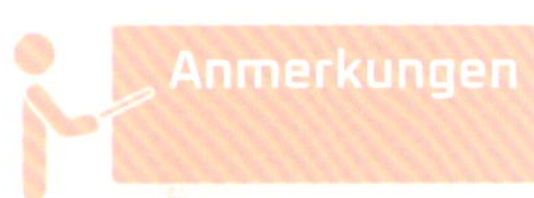

- Bauchnabel zur Wirbelsäule gezogen?
- Rücken lang?
- Arme und Schultern in einer Linie?

32 Seitlich drehen und diagonal Knie hochziehen

Körperbereich
Bauch und Rücken

- Bauchnabel zur Wirbelsäule gezogen?
- Aufgerichtete Haltung?
- Verstärkung der Drehung durch äußeren Ellbogen?

Ausführung

- Hüftschmaler Stand, die Arme werden auf Schulterhöhe vor dem Körper zusammengeführt und die Hände ineinander verschränkt.
- Der Oberkörper wird zur rechten Seite gedreht und das entgegengesetzte linke Bein zur Seite geführt.
- Der Oberkörper wird dann nach links gedreht und das linke Knie diagonal nach oben geführt.
- Nach ein paar Wiederholungen erfolgt ein Seitenwechsel!

33 Stuhl und seitlich tief tippen

Ausführung

- Hüftschmaler Stand, die Arme nach oben führen und das Gesäß absenken für den Stuhl. Verlagere dein Gewicht auf die Fersen!
- Abwechselnd das linke und das rechte Bein zur Seite führen und mit der Fußspitze auf den Boden tippen. Dann das Bein wieder zurückführen.

Körperbereich

Bauch und Rücken

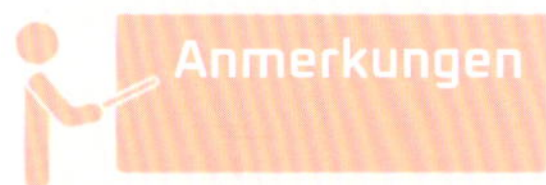

- Bauchnabel zur Wirbelsäule gezogen?
- Rücken lang?
- Arme in Verlängerung der Wirbelsäule?
- Schultern weg von den Ohren?
- Knie nicht über den Fußspitzen?

34 Stuhl – Stange hinter den Kopf ziehen

Körperbereich

Bauch und Rücken

- Bauchnabel zur Wirbelsäule gezogen, um Hohlkreuz zu vermeiden!
- Knie nicht über den Fußspitzen?
- Blick nach vorne unten?

Ausführung

- Hüftschmaler Stand, die Arme nach oben führen und das Gesäß absenken für den Stuhl. Verlagere dein Gewicht auf die Fersen!
- Die Hände werden zu Fäusten geballt und die Arme langsam nach unten gezogen bis die Ellbogen auf Schulterhöhe sind. Wir stellen uns vor, dass wir eine Stange nach unten hinter unseren Kopf ziehen.

35 Stuhl mit Windmühlen-Armen

Ausführung

- Hüftschmaler Stand, die Arme nach oben führen und das Gesäß absenken für den Stuhl. Verlagere dein Gewicht auf die Fersen!
- Der rechte Arm wird neben den Körper abgesenkt, während der linke Arm oben bleibt.
- Dasselbe auf der anderen Seite und abwechselnd hoch und runter führen.

Körperbereich

Bauch und Rücken

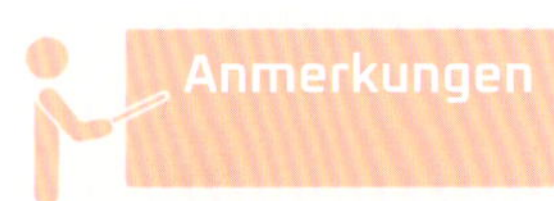

- Bauchnabel zur Wirbelsäule ziehen, um Hohlkreuz zu vermeiden!
- Rücken lang und Arme in Verlängerung der Wirbelsäule?
- Schultern weg von den Ohren?
- Knie nicht über den Fußspitzen?

36 Stuhl und Hackepeter

Körperbereich

Bauch und Rücken

- Bauchnabel zur Wirbelsäule ziehen, um Hohlkreuz zu vermeiden!
- Rücken lang und Arme in Verlängerung der Wirbelsäule?
- Schultern weg von den Ohren?
- Knie nicht über den Fußspitzen?

Ausführung

- Hüftschmaler Stand, die Arme nach oben führen und das Gesäß absenken für den Stuhl. Verlagere dein Gewicht auf die Fersen!
- Abwechselnd den linken und den rechten Arm in kleinen Bewegungen nach oben und unten führen, sodass eine Scheren-Bewegung entsteht.
- Der Blick geht nach vorne unten und das Tempo kann je nach Intensität angepasst werden.

37 Katze und Kuh mit Arme aufgestützt

Ausführung

- Hüftschmaler Stand und das Gesäß absenken für den Stuhl. Verlagere dein Gewicht auf die Fersen!
- Die Arme können auf den Knien abgelegt werden, das Gewicht sollte aber hauptsächlich auf den Beinen liegen.
- Mit der Einatmung bilden wir ein Hohlkreuz im Rücken und das Brustbein schiebt sich nach vorn, der Blick hebt sich.
- Mit der Ausatmung rundet sich der Rücken, die Schulterblätter ziehen auseinander und das Kinn zieht zum Brustbein.

Körperbereich

Bauch und Rücken

- Bauchnabel zur Wirbelsäule gezogen in der Ausatmung?
- Knie nicht über den Fußspitzen?

38 Stuhl mit Twist

Körperbereich

Bauch und Rücken

- Bauchnabel zur Wirbelsäule gezogen?
- Rücken lang?
- Knie nicht über den Fußspitzen?
- Hüftknochen auf einer Linie? Knie brechen nicht zu einer Seite aus!

Ausführung

- Hüftschmaler Stand, die Hände vor dem Brustbein zusammenführen und das Gesäß absenken für den Stuhl. Verlagere dein Gewicht auf die Fersen!
- Führe den rechten Ellbogen zum linken Knie und verstärke die Drehung im Oberkörper, indem du die linke Schulter nach hinten drehst. Die Drehung kommt aus dem oberen Wirbelbereich.
- Seitenwechsel!

39 Sumo Squat und seitliches Dehnen

Ausführung

- Der Stand ist weiter als hüftschmal im Squat. Senke das Gesäß ab und drehe die Fußspitzen nach außen.
- Der rechte Arm wird auf Beckenhöhe geführt und zieht zur linken Seite, während der linke Arm über den Kopf geführt wird und nach rechts zieht. Kurz halten und pulsieren!
- Seitenwechsel!

Körperbereich

Bauch und Rücken

- Schambein nach oben ziehen, um Hohlkreuz zu vermeiden!
- Rücken lang?
- Stabiler Stand?
- Schultern weg von den Ohren?

40 Sumo Squat und Boxen

Körperbereich

Bauch und Rücken

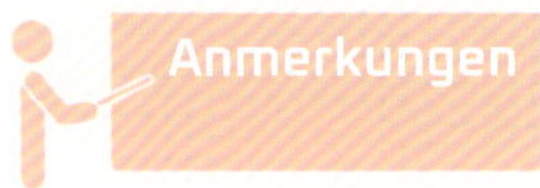

- Schambein nach oben ziehen, um Hohlkreuz zu vermeiden!
- Stabiler Stand?
- Knie nicht über den Fußspitzen?

Ausführung

- Der Stand ist weiter als hüftschmal im Squat. Senke das Gesäß ab und drehe die Fußspitzen nach außen.
- Die Arme werden vor dem Körper, mit den Fäusten zum Gesicht gerichtet, angewinkelt.
- Der Oberkörper dreht auf die rechte Seite und es wird gleichzeitig ein „Boxschlag" mit der linken Faust durchgeführt. Dabei dreht die Hüfte mit und das entgegen der Drehrichtung gerichtete Bein wird gestreckt.
- Zurück in die Ausgangsposition und jetzt auf die andere Seite!

41 Sumo Squat mit Keulenschwung

Ausführung

- Der Stand ist weiter als hüftschmal im Squat. Senke das Gesäß ab und drehe die Fußspitzen nach außen.
- Die Hände werden vor dem Körper gefaltet und zum rechten Knie gebracht, wobei der Oberkörper auch auf die rechte Seite dreht.
- Anschließend wird die Faust diagonal nach links oben geführt, als wenn man eine Keule schwingt, und der Oberkörper dreht mit und das rechte Bein wird gestreckt.
- Nach ein paar Wiederholungen die Position auflösen und Seitenwechsel!

Körperbereich

Bauch und Rücken

- Rücken lang und Schambein nach oben ziehen, um Hohlkreuz zu vermeiden!
- Stabiler Stand?
- Schultern weg von den Ohren?

42 Sumo Squat mit Fersenheber

Körperbereich

Bauch und Rücken

Anmerkungen

- Schambein nach oben ziehen, um Hohlkreuz zu vermeiden!
- Rücken lang?
- Stabiler Stand?

Ausführung

- Der Stand ist weiter als hüftschmal im Squat. Senke das Gesäß ab und drehe die Fußspitzen nach außen.
- Die Hände werden vor dem Körper gefaltet.
- Zuerst wird im Squat die rechte Ferse angehoben und wieder abgesetzt, anschließend die linke Ferse angehoben und wieder abgesetzt. Im Anschluss beide Fersen gleichzeitig.

43 Sumo Squat – Knie und Ellbogen

Ausführung

- Der Stand ist weiter als hüftschmal im Squat. Senke das Gesäß ab und drehe die Fußspitzen nach außen.
- Der Squat wird aufgelöst und ein Arm und Bein diagonal zur Seite gestreckt. Anschließend wird das Knie mit dem Ellbogen vor dem Körper zusammengeführt.
- Nach dem Auflösen wird wieder ein Squat ausgeführt und schließlich die andere Seite zusammengeführt.

Körperbereich

Bauch und Rücken

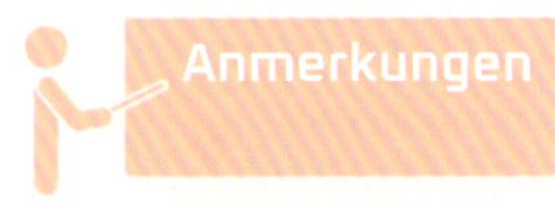

- Bauchnabel zur Wirbelsäule gezogen?
- Knie nicht über den Fußspitzen?
- Körperspannung?

44 Sumo Squat – aufdrehen

Körperbereich

Bauch und Rücken

- Schambein nach oben ziehen, um Hohlkreuz zu vermeiden!
- Hüftknochen bleiben nach vorne gerichtet!

Ausführung

- Der Stand ist weiter als hüftschmal im Squat. Senke das Gesäß ab und drehe die Fußspitzen nach außen.
- Die Handflächen werden aufeinander gelegt und vor das rechte Knie geführt.
- Der rechte Handrücken bleibt am rechten Knie während die linke Hand diagonal nach oben geführt wird. Der Oberkörper dreht mit und der Blick folgt der linken Hand.
- Nach einigen Wiederholungen wird die Position aufgelöst und Seitenwechsel!

Sumo Squat – Bein seitlich anheben

Ausführung

- Der Stand ist weiter als hüftschmal im Squat. Senke das Gesäß ab und drehe die Fußspitzen nach außen. Die Arme werden auf Brusthöhe geführt und die Handflächen aufeinander gelegt.
- Das Gesäß wird nach oben geführt und ein Bein seitlich vom Körper weg gestreckt. Danach folgt erneut ein Squat.
- Nach ein paar Wiederholungen folgt ein Seitenwechsel oder es wird immer abwechselnd ein Bein gehoben.

Körperbereich

Bauch und Rücken

- Bauchnabel zur Wirbelsäule gezogen?
- Rücken lang?
- Fuß geflext?
- Oberkörper bleibt mittig ausgerichtet!

46 Schlittschuh fahren

Körperbereich

Bauch und Rücken

- Bauchnabel zur Wirbelsäule gezogen?
- Körperspannung?
- Körperschwerpunkt niedrig gehalten?

Ausführung

- Die Ausgangsposition ist in einer angewinkelten Hockposition. Die Arme werden angewinkelt neben dem Körper gehalten.
- Das rechte Bein wird nun in einem „Schlittschuhschritt“ hinter das linke Bein gebracht. Dabei zieht der rechte Arme nach links oben, wobei der Blick diesem Arm folgt. Das vordere Bein bleibt angewinkelt.
- Zurück in die Ausgangsposition und dynamisch die Seite wechseln. Die Übung wird immer abwechselnd durchgeführt.

47 Low Lunge

Ausführung

- Ausgangsposition ist ein hüftschmaler Stand mit den Armen seitlich neben dem Körper.
- Das rechte Bein wird im Ausfallschritt nach vorne gebracht und die Hüfte nun langsam nach unten gebracht, um den Körperschwerpunkt zu verlagern bis die Beine zwei 90-Grad-Winkel bilden.
- Nach ein paar Wiederholungen die Position auflösen und die Seiten wechseln. Es darf auch gehalten oder pulsiert werden!

Körperbereich

Beine

- Rücken lang?
- Bauchnabel zur Wirbelsäule gezogen?
- Knie nicht über der Fußspitze?
- Hüftknochen bleiben nach vorne ausgerichtet!

48 Ausfallschritt seitlich und klatschen

Körperbereich

Beine

Anmerkungen

- Rücken lang?
- Bauchnabel zur Wirbelsäule gezogen?
- Dynamische Ausführung!

Ausführung

- Die Ausgangsposition ist ein hüftschmaler Stand.
- Es wird ein Ausfallschritt auf die rechte Seite durchgeführt, wobei beide Fußspitzen nach vorne zeigen und das rechte Knie nicht über die Fußspitze hinaus geht.
- Dann wird unter den Beinen durch gefasst und geklatscht bis sich das rechte Bein wieder nach oben abdrückt und zurück in den Stand kommt.
- Es wird fließend in den linken seitlichen Ausfallschritt gegangen und wieder geklatscht!

Knieheber auf Zehenspitzen

Ausführung

- Die Ausgangsposition ist ein hüftschmaler Stand, wobei die Arme nach oben zur Decke gestreckt sind.
- Das Gewicht wird auf das linke Bein verlagert und das rechte Knie um 90 Grad angewinkelt. Mit der Einatmung gehst du mit dem Standbein auf die Zehenspitzen.
- Fließend wird das rechte Bein wieder abgesetzt, Seitenwechsel!

Körperbereich

Beine

- Rücken lang?
- Bauchnabel zur Wirbelsäule gezogen?
- Fuß geflext?
- Körperspannung?

50 Ausfallschritt und hinten anfersen

Körperbereich

Beine

- Hüftknochen bleiben nach vorne ausgerichtet!

Ausführung

- Die Ausgangsposition ist ein Ausfallschritt.
- Das rechte Bein wird nach vorne gebracht und die Hüfte nun langsam nach unten gesenkt, um den Körperschwerpunkt zu verlagern bis die Beine zwei 90-Grad-Winkel bilden. Die Arme werden dabei nach oben zur Decke geführt.
- Das Gewicht wird nun auf das vordere Bein verlagert und der hintere Fuß löst vom Boden und ferst am Gesäß an, wobei die Arme nach unten geführt werden!
- Nach einigen Wiederholungen wird die Position aufgelöst und die Seiten gewechselt!

51 Trizeps Dips

Ausführung

- Wir benötigen einen stabil stehenden, kippsicheren Stuhl.
- Wir setzen uns auf den Stuhl und stellen die Hände hinter uns auf. Dann stellen wir die Beine etwas vom Stuhl entfernt auf und rutschen mit dem Gesäß langsam von der Stuhlfläche.
- Die Beine sind in einem 90-Grad-Winkel aufgestellt und die Arme zunächst durchgestreckt.
- Das Becken wird langsam in Richtung Boden abgesenkt und die Arme bis 90 Grad gebeugt, dann wieder nach oben geführt.

Körperbereich

Arme

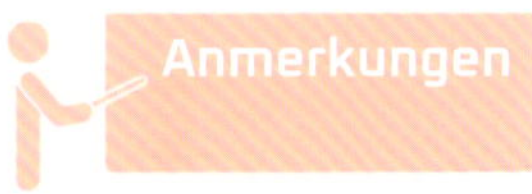

- Bauchnabel zur Wirbelsäule gezogen?
- Kraft aus dem Trizeps?

52 Flieger – diagonal Arm und Bein

Ausführung

- Wir benötigen einen stabil stehenden, kippsicheren Stuhl.
- Wir stehen so weit von der Stuhllehne entfernt, dass wir sie nur mit gestreckten Armen erreichen können und machen den Rücken lang. Die Beine sind dabei gestreckt.
- Jetzt wird der linke Arm und das rechte Bein angehoben und bilden eine Linie. Mit der Einatmung noch einmal strecken.
- Mit der Ausatmung werden der linke Ellbogen und das rechte Knie zueinander gezogen und mit der Einatmung wieder gestreckt.
- Nach ein paar Wiederholungen die Seite wechseln!

Körperbereich

Bauch und Rücken

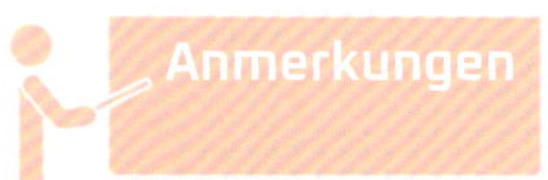

- Atmung beachtet?
- Bauchnabel zur Wirbelsäule gezogen?
- Arm und Bein bilden eine Linie in Verlängerung der Wirbelsäule?

53 Flieger mit Überstreckung

Ausführung

- Wir benötigen einen stabil stehenden, kippsicheren Stuhl.
- Der linke Arm und das rechte Bein werden angehoben, ziehen auseinander und bilden eine Linie. Der rechte Arm darf sich an der Stuhllehne festhalten.
- Mit der Einatmung werden der Arm und das Bein über die Waagerechte nach oben geführt und mit der Ausatmung bis unter die Waagerechte abgesenkt. Es darf hierbei auch gerne pulsiert werden.
- Nach ein paar Wiederholungen die Seite wechseln!

Körperbereich

Rücken

- Atmung beachtet?
- Bauchnabel zur Wirbelsäule gezogen?

54 Flieger mit pulsierenden Bewegungen

Körperbereich

Rücken

- Bauchnabel zur Wirbelsäule gezogen?
- Rücken lang?
- Bein in Verlängerung der Wirbelsäule?

Ausführung

- Wir benötigen einen stabil stehenden, kippsicheren Stuhl.
- Wir stehen so weit von der Stuhllehne entfernt, dass wir sie nur mit gestreckten Armen erreichen können und machen den Rücken lang. Die Beine sind dabei gestreckt.
- Nun wird das rechte Bein vom Boden gelöst und in die Verlängerung der Wirbelsäule gebracht. Das Bein kann hier gehalten werden oder nach oben pulsieren.
- Nach ein paar Wiederholungen die Seite wechseln!

55 Stuhl-Planke mit Hochdrücken

Ausführung

- Wir benötigen einen stabil stehenden, kippsicheren Stuhl.
- Dann stützen wir die Unterarme auf der Sitzfläche ab und stellen die Füße so weit entfernt, dass wir uns in der Planke befinden.
- Abwechselnd stellen wir erst die rechte Hand auf und strecken den Arm durch, dann die linke und drücken uns nach oben heraus.
- Dann senken wir zunächst den rechten Unterarm wieder ab und platzieren ihn auf der Stuhlfläche, dann die linke Seite.
- Richtungswechsel!

Körperbereich

Bauch, Rücken, Arme und Beine

- Körperspannung?
- Becken nicht zu hoch oder tief?

Stuhl-Planke mit Mountain Climber

Körperbereich

Bauch, Rücken, Arme und Beine

- Körperspannung?
- Becken nicht zu hoch oder tief?
- Tempo kann variiert werden!

Ausführung

- Wir benötigen einen stabil stehenden, kippsicheren Stuhl.
- Dann stützen wir die Unterarme auf der Sitzfläche ab und stellen die Füße so weit entfernt, dass wir uns in der Planke befinden.
- Abwechselnd wird zuerst das rechte Bein in Richtung der Sitzfläche herangezogen, dann setzt das rechte Bein wieder auf dem Boden auf und das linke Bein wird in Richtung der Sitzfläche herangezogen.

57 Stuhl-Planke – Beine auseinander

Ausführung

- Wir benötigen einen stabil stehenden, kippsicheren Stuhl.
- Dann stützen wir die Unterarme auf der Sitzfläche ab und stellen die Füße so weit entfernt, dass wir uns in der Planke befinden.
- Die Füße stehen hüftschmal. Zunächst wird jetzt der rechte Fuß nach außen gesetzt und der linke Fuß macht dasselbe auf der linken Seite.
- Die Beine werden dann wieder abwechselnd in die Ausgangsposition gebracht.

Körperbereich

Bauch, Rücken, Arme und Beine

- Körperspannung?
- Becken nicht zu hoch oder tief?
- Tempo kann variiert werden!

58 Stuhl-Planke und Arme anheben

Körperbereich

Bauch, Rücken, Arme und Beine

- Körperspannung?
- Becken nicht zu hoch oder tief?
- Körper bleibt mittig stabil und rotiert nicht mit!

Ausführung

- Wir benötigen einen stabil stehenden, kippsicheren Stuhl.
- Dann stützen wir die durchgestreckten Arme auf der Sitzfläche ab und stellen die Füße so weit entfernt, dass wir uns in der Planke befinden.
- Zunächst wird der rechte Arm seitlich ausgestreckt und die Position kurz gehalten. Dann setzen wir den Arm wieder auf der Sitzfläche ab.
- Danach wird der linke Arm zur Seite ausgestreckt. Die Seiten werden abgewechselt.

Push-ups auf der Stuhlfläche

Ausführung

- Wir benötigen einen stabil stehenden, kippsicheren Stuhl.
- Dann stützen wir die durchgestreckten Arme auf der Sitzfläche ab und stellen die Füße so weit entfernt, dass wir uns in der Planke befinden.
- Es wird nun ein Push-up auf der Sitzfläche ausgeführt, indem der Körper aus der Kraft der Arme langsam abgesenkt wird. Dabei sollten die Ellbogen möglichst nah am Körper sein und kein Hohlkreuz gebildet werden.

Körperbereich

Bauch, Rücken, Arme und Beine

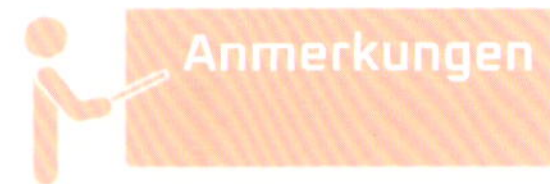

- Körperspannung?
- Becken nicht zu hoch oder tief?
- Kontrollierte Ausführung?

Ausfallschritt am Stuhl – runter dippen

Körperbereich

Bauch, Rücken und Beine

- Rücken lang?
- Hüftknochen bleiben nach vorne ausgerichtet!
- Knie nicht über die Fußspitzen!

Ausführung

- Wir benötigen einen stabil stehenden, kippsicheren Stuhl.
- Es wird der rechte Fuß mit dem Fußspann auf der Sitzfläche abgelegt, wobei das linke Bein in einem kleinen Ausfallschritt nach vorne gebracht wird.
- Das Becken wird abgesenkt und der Körperschwerpunkt verlagert sich nach unten. Das linke Knie wird dabei bis 90 Grad angewinkelt.
- Nach ein paar Wiederholungen die Position auflösen und Seiten wechseln!

61 Einbeinige Squats am Stuhl

Ausführung

- Wir benötigen einen stabil stehenden, kippsicheren Stuhl.
- Der rechte Fuß wird mit der Fußinnenseite auf der Sitzfläche abgelegt, wobei der Oberkörper seitlich zum Stuhl ausgerichtet ist und das linke Bein in einem kleinen Ausfallschritt zur Seite gebracht wird.
- Das Becken wird gesenkt und der Körperschwerpunkt verlagert sich nach unten. Das linke Knie wird dabei angewinkelt.
- Nach ein paar Wiederholungen die Position auflösen und Seiten wechseln!

Körperbereich

Bauch, Rücken und Beine

- Körperspannung?
- Schambein nach oben ziehen, um Hohlkreuz zu vermeiden!
- Knie nicht über die Fußspitzen!

62 Armheber mit Gewichten

Körperbereich

Schultern, Arme und Rücken

- Körperspannung?
- Bauchnabel zur Wirbelsäule gezogen?
- Kontrollierte Ausführung?

Ausführung

- Wir benötigen zwei gefüllte Wasserflaschen.
- Ausgangsposition ist ein hüftschmaler Stand, wobei jeweils eine Wasserflasche in einer Hand gehalten wird.
- Nun werden die Arme langsam bis auf Schulterhöhe nach vorne angehoben und wieder gesenkt. Dann werden sie zur Seite angehoben und gesenkt.
- Alternativ auch vor oder neben dem Körper kurz halten.

63 Vorgebeugtes Seitheben mit Gewichten

Ausführung

- Wir benötigen zwei gefüllte Wasserflaschen.
- Ausgangsposition ist ein hüftschmaler Stand, wobei jeweils eine Wasserflasche in einer Hand gehalten wird. Der Oberkörper wird nach vorne gebeugt.
- Die Arme mit den Flaschen werden langsam zur Seite bis auf Schulterhöhe angehoben und wieder zurück in die Ausgangsposition gebracht.

Körperbereich

Schultern, Arme und Rücken

- Körperspannung?
- Bauchnabel zur Wirbelsäule gezogen?
- Kontrollierte Ausführung?

64 Vorgebeugtes Rudern mit Gewichten

Körperbereich

Schultern, Arme, Beine und Rücken

- Bauchnabel zur Wirbelsäule ziehen, um Hohlkreuz zu vermeiden!

Ausführung

- Wir benötigen zwei gefüllte Wasserflaschen.
- Ausgangsposition ist ein hüftschmaler Stand, wobei jeweils eine Wasserflasche in einer Hand gehalten wird. Der Oberkörper ist leicht nach vorne gebeugt und die Beine auch gebeugt.
- Die Arme werden mit den Wasserflaschen in der Hand in einer Ruderbewegung nach hinten angezogen. Dabei sollten die Arme möglichst nah am Oberkörper gehalten und die Schulterblätter hinten zusammengeführt werden.

Dehnung

65 Nackendehnung

Körperbereich

Kopf und Nacken

- Nur so viel Dehnung wie angenehm?
- Schultern weg von den Ohren?
- Beide Füße fest am Boden?

Ausführung

- Hüftschmaler Stand und die rechte Hand auf das gegenüberliegende Ohr legen.
- Der Arm zieht den Kopf leicht zur rechten Seite und dehnt so den Nacken.
- Der linke Arm zieht währenddessen mit der Handfläche in Richtung Boden.
- Seitenwechsel!

66 Vorbeuge mit Faustgriff

Ausführung

- Hüftschmaler Stand und die Hände werden hinter dem Körper mit gestreckten Armen gefaltet.
- Der Oberkörper wird langsam nach vorne gebeugt und die Arme mit der Faust dabei möglichst senkrecht nach oben gestreckt.
- Die Position wird einige Sekunden gehalten und anschließend langsam wieder aufgelöst.

Körperbereich

Schultern und Arme

- Nur so viel Dehnung wie angenehm?
- Bauchnabel zur Wirbelsäule gezogen?
- Rücken lang?
- Knie leicht gebeugt?

67 Seitlicher Faustgriff

Körperbereich

Schultern und Arme

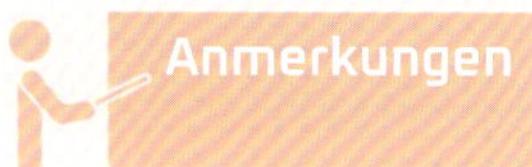

- Bauchnabel zur Wirbelsäule gezogen, um Hohlkreuz zu vermeiden?
- Rücken lang?
- Schultern weg von den Ohren?
- Handflächen aneinander?

Ausführung

- Hüftschmaler Stand und die Hände werden hinter dem Körper mit gestreckten Armen zu einer Faust gefaltet.
- Die Faust wird nun seitlich am Körper vorbeigeführt.
- Nach einigen Sekunden wird die Faust auf die andere Seite geführt.
- Nach ein paar Wechseln die Position auflösen.

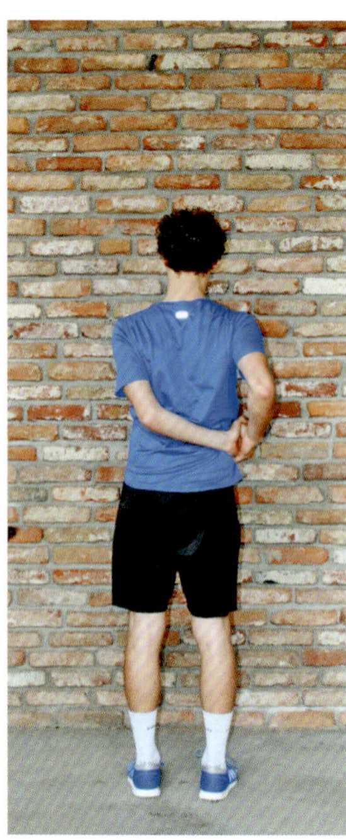

68 Trizeps-Dehnung

Ausführung

- Hüftschmaler Stand und die Arme werden senkrecht nach oben ausgestreckt.
- Der rechte Arm wird gebeugt und die Handfläche auf das gegenüberliegende Schulterblatt gelegt.
- Die andere Hand legt nun flach auf das andere Ellenbogengelenk auf und zieht dieses bei Bedarf in seine Richtung.
- Nach einigen Sekunden die Seite wechseln!

Körperbereich

Schultern und Arme

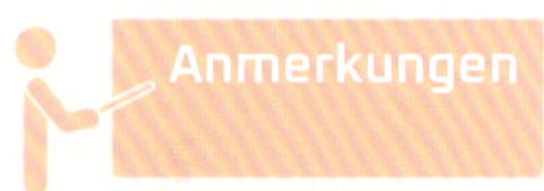

- Bauchnabel zur Wirbelsäule gezogen?
- Rücken lang?
- Schultern nach hinten gezogen und Blick nach vorne gerichtet?

69 Arme vorne dehnen

Körperbereich

Schultern und Arme

- Bauchnabel zur Wirbelsäule gezogen?
- Schultern weg von den Ohren?
- Rücken lang?
- Nicht auf das Ellbogengelenk drücken!

Ausführung

- Hüftschmaler Stand und der rechte Arm wird auf Schulterhöhe vor dem Körper nach links geführt.
- Die andere Hand legt am Oberarm auf und zieht den Arm zum Körper heran, wodurch eine Dehnung in der Schulter entsteht.
- Nach einigen Sekunden wird die Seite gewechselt!

70 Dehnung – verschränkte Handflächen

Ausführung

- Hüftschmaler Stand, die Finger ineinander verschränken und die Handflächen nach außen gedreht.
- Die Arme werden in dieser Position auf Schulterhöhe vor den Körper geführt und mit der Einatmung nach oben zur Decke gestreckt.
- Mit der Ausatmung werden die Arme auf Schulterhöhe zurück geführt.

Körperbereich

Schultern und Arme

- Bauchnabel zur Wirbelsäule gezogen?
- Rücken lang?
- Schultern weg von den Ohren?
- Atmung beachtet?

71 Adlerarme

Körperbereich

Schultern und Arme

- Bauchnabel zur Wirbelsäule gezogen?
- Rücken lang?
- Schultern weg von den Ohren?

Ausführung

- Hüftschmaler Stand und die Hände werden vor den Körper auf Schulterhöhe geführt.
- Der rechte Arm wird über den linken Arm gelegt, wobei das eine Ellbogengelenk in die Ellbogenbeuge des anderen gelegt wird.
- Dann werden die Unterarme noch einmal mehr rumgewickelt und die Handflächen aufeinander gelegt.
- Mit der Einatmung versuchen wir die Adlerarme noch ein wenig mehr nach oben zu ziehen. Mit der Ausatmung auflösen und die Seite wechseln.

72 Gestreckter Seitwinkel

Ausführung

- Ausgangsposition ist ein seitlicher Ausfallschritt, wobei die rechten Zehen zur Seite zeigen und das rechte Knie um 90 Grad gebeugt wird.
- Das linke Bein bleibt gestreckt und die Fußaußenkante drückt in den Boden. Die Zehen zeigen hier nach vorne.
- Dann wird der rechte Arm leicht auf dem Knie aufgestützt und der linke Arm zieht über den Kopf nach vorne. Mit jeder Einatmung ein wenig mehr strecken.
- Eine Linie von den Fingerspitzen bis zur Fußaußenkante. Seitenwechsel!

Körperbereich

Flanken

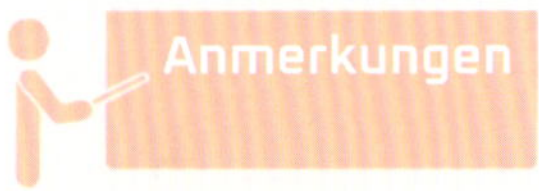

- Bauchnabel zur Wirbelsäule gezogen?
- Schultern weg von den Ohren?
- Nicht nach vorne fallen, sondern vorstellen man lehnt an einer Wand!

73 Der Halbmond

Körperbereich

Flanken

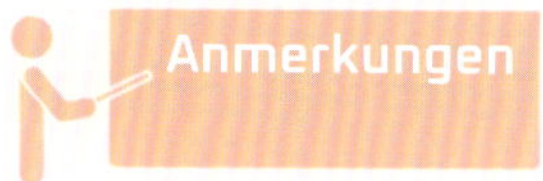

- Bauchnabel zur Wirbelsäule gezogen?
- Rücken lang?
- Schultern weg von den Ohren?
- Beide Füße fest am Boden?

Ausführung

- Die Beine werden gekreuzt und das rechte Bein hinter das linke gestellt.
- Die Arme werden nach oben geführt und die rechte Hand greift das linke Handgelenk. Der Arm wird sanft zur rechten Seite gezogen.
- Die Position kurz halten und die Seite wechseln!

74 Sumo Squat mit Schulterblick

Ausführung

- Der Stand ist weiter als hüftschmal im Squat. Senke das Gesäß ab und drehe die Fußspitzen nach außen. Die Arme dürfen auf die Knie gestützt werden.
- Nun wird der Blick über die rechte Schulter gerichtet, sodass Oberkörper und linke Schulter mitrotieren. Kurz die Position halten!
- Zurück in die Ausgangsposition und Seiten wechseln!

Körperbereich

Bauch und Rücken

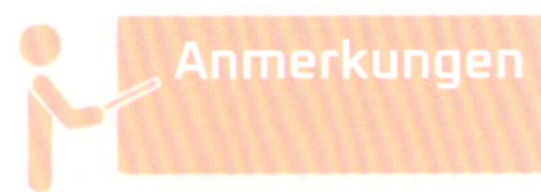

- Rücken lang?
- Hüftknochen bleiben nach vorne gerichtet und Knie klappen nicht nach innen!
- Knie nicht über die Fußspitzen!

75 Ganze Vorbeuge mit verschränkten Beinen

Körperbereich

Bauch und Rücken

- Rücken und Nacken lang?
- Mikrobeuge in den Knien?

Ausführung

- Der Stand ist hüftschmal und das rechte Bein wird hinter das linke geführt.
- Anschließend wird der Oberkörper nach vorne gebeugt für eine Vorbeuge, wobei die Arme Richtung Zehenspitzen zeigen oder auf dem Boden aufsetzen.
- Seitenwechsel! Es darf auch gerne ein wenig pulsiert werden.

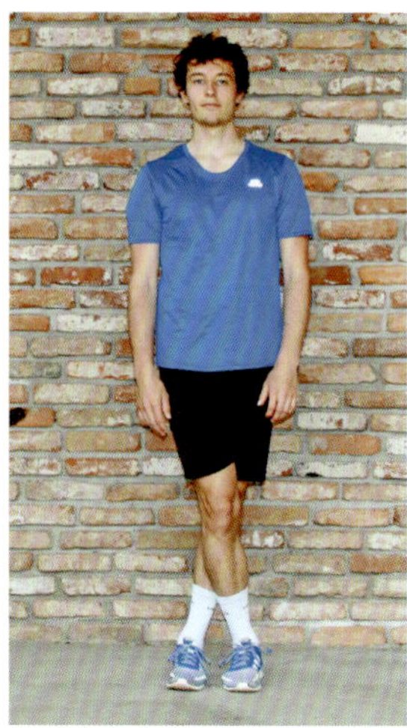

76 Grätsche mit Twist

Ausführung

- Die Ausgangsposition ist eine Grätsche.
- Zuerst wird der Oberkörper mit langem Rücken nach vorne gebeugt in eine Vorbeuge und die rechte Hand stellt mittig auf dem Boden auf.
- Der linke Arm wird mit der Einatmung nach oben zur Decke gestreckt, wobei der Blick der rechten Hand folgt.
- Zurück in die Ausgangsposition und die Seite wechseln!

Körperbereich

Bauch und Rücken

- Rücken lang?
- Schulter zieht nach hinten und unterstützt den Twist?
- Mikrobeuge in den Knien?
- Hüfte auf einem Level?

77 Grätsche und Ellbogen greifen

Körperbereich

Bauch und Rücken

- Rücken lang?
- Mikrobeuge in den Beinen?

Ausführung

- Die Ausgangsposition ist eine Grätsche.
- Zuerst wird der Oberkörper mit langem Rücken nach vorne gebeugt in eine Vorbeuge und die Hände mittig auf dem Boden aufgestellt.
- Nun können wir unsere Ellbogen greifen und uns aushängen lassen.
- Du kannst auch gerne kleine wippende Bewegungen machen.

78 Grätsche mit halber Vorbeuge

Ausführung
- Die Ausgangsposition ist eine Grätsche.
- Zuerst wird der Oberkörper mit langem Rücken nach vorne gebeugt in eine Vorbeuge und die Hände vor uns auf dem Boden aufgestellt.
- Dabei sollen die Knie leicht gestreckt und der Rücken gerade gehalten werden.
- Nach einigen Sekunden in eine ganze Vorbeuge lösen und nach kurzer Pause, nochmals wiederholen!

Körperbereich

Bauch und Rücken

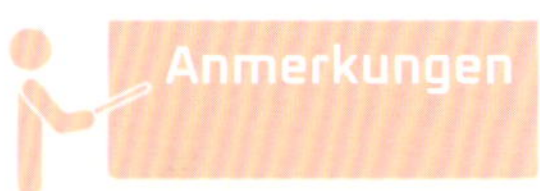

Anmerkungen

- Rücken lang?
- Kopf in Verlängerung der Wirbelsäule?
- Mikrobeuge in den Beinen?

79 Grätsche – Fußgelenk diagonal greifen

Körperbereich

Bauch und Rücken

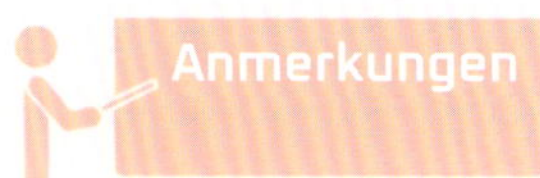

- Rücken lang?
- Rotation aus der Brustwirbelsäule heraus?
- Mikrobeuge in den Beinen?

Ausführung

- Die Ausgangsposition ist eine Grätsche.
- Zuerst wird der Oberkörper mit langem Rücken nach vorne gebeugt in eine Vorbeuge und die Hände mittig auf dem Boden aufgestellt.
- Der rechte Arm greift nun das linke Fußgelenk, sodass die linke Schulter nach hinten dreht.
- Dann auflösen und die Seite wechseln!

80 Waden dehnen im Ausfallschritt

Ausführung

- Die Ausgangsposition ist der Ausfallschritt, wobei wir mit dem rechten Bein vorne beginnen.
- Die Zehen zeigen beide nach vorne. Das vordere Bein ist gebeugt und das hintere gestreckt. Wir versuchen die Ferse zum Boden zu ziehen.
- Der Körperschwerpunkt ist mittig ausgerichtet und der Oberkörper ist nicht nach vorne gebeugt, damit eine Dehnung in der Beinrückseite zu spüren ist!
- Seitenwechsel!

Körperbereich

Beine

- Bauchnabel zur Wirbelsäule ziehen, um Hohlkreuz zu vermeiden!
- Hüftknochen bleiben nach vorne ausgerichtet!

81 Oberschenkeldehnung

Körperbereich

Beine

- Rücken lang?
- Bauchnabel zur Wirbelsäule gezogen?
- Griff am Fußgelenk und nicht am Fußspann!

Ausführung

- Das Gewicht wird auf das linke Bein verlagert und das rechte Bein nach hinten angehoben, sodass die rechte Hand das Fußgelenk greifen kann.
- Der Fuß kann nun so weit nach oben gezogen werden, bis eine leichte Dehnung im vorderen Oberschenkel zu spüren ist.
- Seitenwechsel!

82 Sprinterposition

Ausführung

- Das Gewicht wird auf das linke Bein verlagert und dieses gebeugt. Das rechte Bein wird nach vorne ausgestreckt und die Ferse vorne abgesetzt.
- Die Zehen werden zum Körper gezogen.
- Jetzt beugen wir den Oberkörper mit geradem Rücken so weit nach vorne bis eine Dehnung in der Beinrückseite zu spüren ist.
- Seitenwechsel!

Körperbereich

Beine

- Rücken lang?
- Bauchnabel zur Wirbelsäule gezogen?
- Mikrobeuge im vorderen Bein?
- Hüftknochen bleiben nach vorne ausgerichtet!

83 4er-Sitz

Körperbereich

Beine

- Rücken lang?
- Fuß flexen, um das Knie zu schützen!

Ausführung

- Der Stand ist hüftschmal und wir verlagern das Gewicht auf das rechte Bein. Der linke Fuß wird nun mit dem Fußgelenk über dem Knie platziert. Die Zehen werden zum Körper herangezogen.
- Das Gesäß wird soweit abgesenkt bis eine leichte Dehnung in der Oberschenkelaußenseite zu spüren ist.
- Seitenwechsel!

84 Halbe Vorbeuge

Ausführung

- Wir benötigen einen stabil stehenden, kippsicheren Stuhl.
- Der Stuhl wird von hinten an der Stuhllehne gegriffen, wobei die Beine gestreckt werden und mit dem Rücken einen 90-Grad-Winkel bilden.
- Wir treten soweit vom Stuhl weg, bis die Arme lang gestreckt sind, der Rücken gerade ist und wir eine angenehme Dehnung spüren.

Körperbereich

Bauch, Rücken und Beine

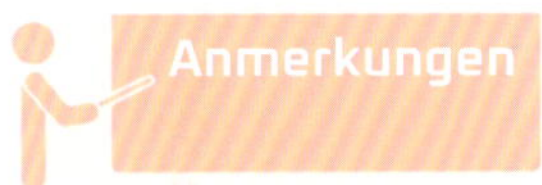

- Rücken lang?
- Mikrobeuge in den Beinen?
- Schultern weg von den Ohren?

85 Ausfallschritt auf der Sitzfläche

Körperbereich

Bauch, Rücken und Beine

- Rücken lang?
- Vorderes Knie nicht über den Zehen?
- Hüftknochen bleiben nach vorne ausgerichtet!
- Bauchnabel zur Wirbelsäule ziehen, um Hohlkreuz zu vermeiden!

Ausführung

- Wir benötigen einen stabil stehenden, kippsicheren Stuhl.
- Ausgangsposition ist ein aufrechter, hüftschmaler Stand vor dem Stuhl.
- Der rechte Fuß wird in einem Ausfallschritt auf der Sitzfläche aufgestellt und die linke Ferse nach hinten in Richtung Boden gezogen, bis eine Dehnung im Hüftbeuger zu spüren ist.
- Position auflösen und die Seite wechseln!

Gehirnjogging

86 Finger einzeln aufeinander

Körperbereich

Gehirn

- Immer lächeln dabei!

Ausführung

- Nehme die Arme nach oben und lege den Daumen und den Zeigefinger aufeinander.
- Dann tippe nacheinander mit jedem weiteren Finger einmal auf den Daumen bis du am kleinen Finger angekommen bist. Mache das an beiden Händen gleichzeitig.
- Vom kleinen Finger aus machst du diese Übung wieder zurück bis wieder der Zeigefinder den Daumen berührt.
- Wiederhole diesen Vorgang mehrmals. Gar nicht so einfach was?

87 L und O

Ausführung

- Nehme die Arme nach oben und bilde mit der rechten Hand ein O, indem du Daumen und Zeigefinger zueinander führst und die restlichen Finger abspreizt.
- Bilde mit der linken Hand ein L, indem du Daumen und Zeigefinger voneinander weg spreizt.
- Wechsele nun mit einem Mal die Seiten und wiederhole diesen Vorgang mehrmals. Gar nicht so leicht was?

Körperbereich

Gehirn

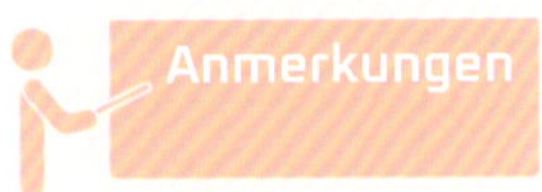

- Immer lächeln dabei!

88 Stift unter den Beinen durchführen

Körperbereich

Gehirn

- Bauchnabel zur Wirbelsäule gezogen?

Ausführung

- Wir benötigen einen Stift oder Ähnliches!
- Das Gewicht wird auf das linke Bein verlagert und wir heben das rechte nach oben an. Wir halten den Stift zunächst in der rechten Hand. Nun führen wir den Stift von außen unter dem rechten Bein her in Richtung Mitte und übergeben ihn in die linke Hand.
- Das rechte Bein wird wieder abgesetzt und das linke angehoben. Wir führen wieder den Stift von außen von der linken Hand in die rechte Hand. Dadurch entsteht eine Acht-Bewegung!
- Richtungswechsel!

89 Pferderennen

Ausführung

- Ausgangsposition ist ein hüftschmaler Stand mit leicht gebeugten Knien. Die Arme werden auf den Oberschenkeln aufgelegt.
- Das Pferderennen beginnt! Mit schnellem Klatschen auf die Oberschenkel wird das Rennen begonnen.
- Achtung! Rechtskurve! Die Hände klatschen weiter und der Oberkörper wird nach rechts gelehnt. Linkskurve! Der Oberkörper wird nach links gelehnt.
- Achtung! Hindernis! Einmal Hochspringen! Achtung Ast! Ducken!

Körperbereich

Beine

- Rücken lang?
- Immer lächeln dabei!

Beispiele

für eine Bewegte Pause

15-Minuten-Pause • Ganzer Körper

Mobilisation

Daumen-
rotation

Einbeiniger
Hampelmann

Bein
schwingen

Kräftigung

Side
Crunches

Low Lunges

Sumo Squat und seitliches Dehnen

Sumo Squat mit Fersenheber

Dehnung

Nacken-dehnung

Vorbeuge mit Faustgriff

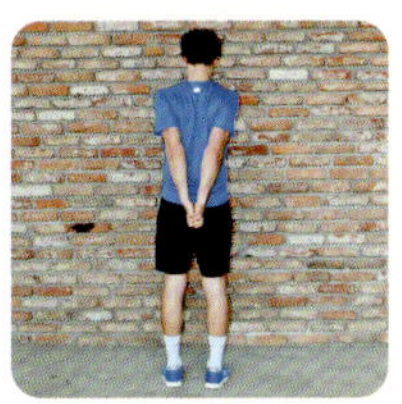

4er-Sitz

15-Minuten-Pause • Rückenfit

Mobilisation

Katze und Kuh

Seitrotation

Grätsche mit diagonaler Rotation

Kräftigung

Flieger mit Knieheber

Stuhl mit Windmühlen-Armen

Stuhl und Stange hinter den Kopf ziehen

Dehnung

Sumo Squat mit Schulterblick

Grätsche mit Fußgelenk diagonal greifen

Grätsche und Ellbogen greifen

15-Minuten-Pause • Der Stuhl als Hilfsmittel

Mobilisation

Zehenspitze zur Stuhlfläche

Stuhllehne greifen und Arm durchfädeln

Kräftigung

Trizeps Dips

Stuhl-Planke und Arme anheben

Flieger mit diagonaler Arm-/Beinkoordination

Flieger mit Überstreckung

Dehnung

Halbe Vorbeuge

Ausfallschritt auf der Sitzfläche